长颈鹿

［美］妮科尔·赫尔吉特　著

汪玉霜　译

浙江出版联合集团

浙江文艺出版社

Published in its Original Edition with the title
Giraffes
Copyright © 2009 Creative Education.
This edition arranged by Himmer Winco
© for the Chinese edition：Zhejiang Literature and Art Publishing House

本书中文简体字版由北京 **Himmer Winco** 文化传媒有限公司独家授予
永 固 兴 码
浙江文艺出版社有限公司。
版权合同登记号：图字：11－2015－337号

图书在版编目（CIP）数据

长颈鹿/（美）妮科尔·赫尔吉特著；汪玉霜译. —杭州：
浙江文艺出版社，2018.1
ISBN 978－7－5339－3900－7

Ⅰ．①长… Ⅱ．①妮… ②汪… Ⅲ．①长颈鹿科－儿童
读物 Ⅳ．①Q959.842－49

中国版本图书馆CIP数据核字（2017）第020431号

策划统筹　诸婧琦　　　责任编辑　陈富余
装帧设计　杨瑞霖　　　责任印制　吴春娟

长颈鹿

作　　者　[美] 妮科尔·赫尔吉特
译　　者　汪玉霜

浙江出版联合集团
浙江文艺出版社

出　　版
地　　址　杭州市体育场路347号
网　　址　www.zjwycbs.cn
经　　销　浙江省新华书店集团有限公司
印　　刷　上海中华商务联合印刷有限公司
开　　本　889毫米×1194毫米　1/12
印　　张　4
插　　页　4
版　　次　2018年1月第1版　2018年1月第1次印刷
书　　号　ISBN 978－7－5339－3900－7
定　　价　29.80 元（精）

在津巴布韦干燥的草原上，

橘红色的太阳炙烤着大地。

一群长颈鹿妈妈，带着它们的宝宝，
聚集在河边饮水。

在津巴布韦干燥的草原上，橘红色的太阳炙烤着大地。一群长颈鹿妈妈，带着它们的宝宝，聚集在赞比西河边觅食饮水。金合欢树绿油油的，树叶被风吹得沙沙作响。一头成年雌性长颈鹿，伸出长长的舌头，将树枝上的叶子一次次卷入口中，转眼间树枝就光秃秃的了。

　　长颈鹿脖子很长，能够看到平原上很远的地方，它需要留意远处的捕食动物。它的宝宝刚出生几个星期，非常容易成为狮子的目标。长颈鹿宝宝也学妈妈的样子，伸着脖子啃食树叶，然后躲到妈妈的肚皮底下吃奶。长颈鹿妈妈走到河边，张开前腿，低下头来，从河里舔水喝，长颈鹿宝宝也跟着妈妈一起喝水。

它们住在哪儿

■ 索马里长颈鹿
网纹长颈鹿
索马里及肯尼亚

■ 安哥拉长颈鹿
长颈鹿安哥拉亚种
安哥拉及赞比亚

■ 长颈鹿科尔多凡
亚种
苏丹西部以及西
南部

■ 马赛长颈鹿
长颈鹿马赛亚种
肯尼亚中部及南
部，坦桑尼亚

■ 努比亚长颈鹿
苏丹东部以及刚
果（金）东北部

■ 罗斯希尔德长颈鹿
乌干达及肯尼亚中
北部

■ 南非长颈鹿
南非，纳米比亚，
博茨瓦纳，津巴布
韦，以及莫桑比克

■ 赞比亚长颈鹿
长颈鹿赞比亚亚种
赞比亚东部

■ 西非长颈鹿
尼日利亚长颈鹿
尼日尔和喀麦隆

长颈鹿只产于非洲大陆，非洲各地发现
的长颈鹿各有不同，却彼此相关联，由
单一品种分化到九个亚种。图中用彩色
方块标注的位置代表着各亚种的产地。

稀树草原地带的守望者

长颈鹿身体瘦长，能够很好地适应非洲稀树草原地带气候炎热的生活。长颈鹿身材高大，这让它们在搜寻树叶和提防捕食者的时候占尽优势；而且，它们又高又长的体形能够保证在毒辣炙热的阳光照在身体上时，仍旧感到凉爽。

长颈鹿属于长颈鹿科，它们的近亲是长得像斑马的霍家狓（pī）。长颈鹿科只有两种动物，长颈鹿和霍家狓。以前，人们认为长颈鹿的祖先是骆驼和豹子，于是给它们命名为：*Giraffa camelopardalis*（长着豹纹的骆驼）。*Giraffa* 一词来自阿拉伯语，其意众多，包括"走路飞快的人""优雅的生物""美人"，还有"最高的哺乳动物"。

长颈鹿独特的体形和颜色使得它们成为草原上非常容易辨认的动物之一。它们的身体是米黄色的，点缀着各种形状的图案和大大小小的棕色斑点。由于居住地的不同，长颈鹿身上的斑点图案和颜色也会有所不同。长颈鹿很少长途迁徙，

尽管独行侠霍家狓特色鲜明，但直到 1900 年，现代科学家才发现它们的存在。

长颈鹿是群居动物，但大多数时间里，雌性长颈鹿群并不与雄性群体一起生活。

它们与附近的其他长颈鹿交配，将各种各样的斑点遗传给下一代。这也保证了一个地区的长颈鹿底色基本相同。

长颈鹿是身材最高的陆地动物。雄性长颈鹿能长到 5.5 米高，体重达 1360 千克。雌性长颈鹿通常比雄性长颈鹿略矮，体重也略轻一些。长颈鹿肩膀比臀部高，身体向下倾斜，因为长颈鹿的头和脖子非常重，这种体形能够将其头颈的压力分散到四肢。长颈鹿肩部的肌肉微微凸起，支撑并控制着它们最有特色的部位——脖子。

长颈鹿的脖子长达 1.5—1.8 米，跟其他哺乳动物一样，颈椎由七块椎骨构成。然而长颈鹿的颈椎骨和肌肉都要比其他动物大很多，这样才能支撑起那长长的脖子。长颈鹿的气管也很长，从口鼻一直延伸到肺部，它的肺需要足够强壮，才能保证吸入和呼出的空气通过长长的脖子。长颈鹿的心脏也特别大——重达 11.4 千克——因此能够将血液通过脖子输送到头部。

一些动物，比如长颈鹿和猴子，
看上去并不介意栖息地上有些人
为修建的道路。

食虱鸟也许惹人厌，但对长颈鹿而言，它们能吃掉身上的害虫和虱子。

对于长颈鹿来说，食虱鸟跟害虫一样，它们会啄长颈鹿的褥疮，吸长颈鹿的血，咬长颈鹿的肉。食虱鸟甚至会拔下长颈鹿的毛发，带回家筑巢。

长颈鹿是反刍（chú）动物，在两餐之间，它们可以反复咀嚼吃下的食物。长颈鹿只有龈（yín）垫用来咀嚼食物，没有上切牙。长颈鹿是复胃动物，它的胃有四个胃腔，进食之后，食物进入其中两个胃腔，然后反流到口腔里，混合其分泌的唾液，继续咀嚼食物，以帮助消化。然后这些食物再次被咽下去，进入另外两个胃腔。

长颈鹿有两种前进方式。一种是走路，步态悠闲。它同时抬起两条左腿向前，然后同时抬起右腿往前走。其他四肢动物采用对角线换步法（反方向的腿交叉往前移动），而长颈鹿则用顺边的两条腿走路。据科学家猜测，是因为长颈鹿的腿太长，两腿交叉走路容易把自己绊倒。走路的时候，长颈鹿的脖子前后慢慢晃动，这样可以帮助身体保持平衡。

长颈鹿的另一种前进方式是奔跑。奔跑的时候，随着速度加快，它的脖子前后推动，后腿使劲蹬地，前腿伸向空中，等前腿一着地，后腿又

迅速蹬地起跳。那一刹那，长颈鹿整个身体处于腾空状态。等后腿一着地，整个过程再一次重复。长颈鹿的奔跑速度最高可达每小时 64 千米。

长颈鹿也有一定的弹跳能力，能跳 1.5 米高。如今非洲大陆上有很多栅栏，长颈鹿的弹跳能力就显得尤为重要。越过障碍物时长颈鹿的脖子会起到重要作用。长颈鹿的跳跃动作要求它先把脖子往回收，将身体的重心放在后腿，然后脖子往

长颈鹿的眼睛很大，即使在快速奔跑的时候，也能清楚地看到周围的一切。

长颈鹿休息时，可以变换各种姿势，但是一旦躺下，再站起来就非常困难。

前伸，抬起前腿，用后腿蹬地，把身体向前推。

　　休息时，长颈鹿低下头，垂下脖子，或者将脑袋和脖子靠在树干上。当周围没有捕食动物，长颈鹿感觉特别安全的时候，它们也会躺下休息。想要躺下来，长颈鹿需要先将前腿跪下，以保证身体其他部位可以放低，再卧倒在地面上。长颈鹿一晚上要睡好几觉，每次只睡几分钟。睡觉的时候，它脑袋向后，长长的脖子平放在地面上，紧挨着身体。想要站起来时，长颈鹿必须伸长脖子，将身体的重量放在膝盖上，抬高后臀，伸直后腿，然后才能伸直前腿，完成站立动作。

　　非洲中部和南部都有长颈鹿，非洲北部靠近撒哈拉沙漠的地带，则很少有长颈鹿生活，因为那里并没有长颈鹿爱吃的树叶，而且人口过于稠密。长颈鹿可以适应多种气候，除了沙漠和雨林。在非洲大陆，长颈鹿的分布主要取决于植被类型。金合欢树生长茂密的地方，通常都有许多长颈鹿聚集生活。金合欢树叶是它们最喜欢的食物。

如果有足够多的金合欢树叶，长颈鹿可以好几个月不喝水，因为这些树叶里含有水分。

长颈鹿的舌头和嘴都很特别，
尽管金合欢树上长满了刺，它
也能够吃到上面的树叶。

长颈鹿生活的领地平均占地104—130平方千米。它们漫步其中，在树林和灌木丛间寻找着能吃的树叶。有树的地方一般都有水源，然而长颈鹿不需要喝很多水，这与其他动物不同。因为湿润的金合欢树叶能够提供给长颈鹿足够的水分。

当树叶中水分不够充足，它们确实需要喝水时，
长颈鹿会先小心翼翼地观察周围是否有捕食动物，
比如狮子，然后才走到水坑边上，张开前腿，弯
下长长的脖子来喝水。

小长颈鹿在妈妈的保护下茁壮成长。

稀树草原上的生活

长颈鹿并没有固定的交配季节，因此在一年中的任何时候，它们都有可能生小宝宝。长颈鹿妈妈孕育小宝宝14—15个月后，才生下小长颈鹿。如果出生时身体健康，也没有遭到捕食动物的袭击，长颈鹿宝宝能够在15分钟内站立起来，并且马上开始找妈妈吃奶。相比成年长颈鹿，长颈鹿宝宝身上的斑点和底色都要浅一些，随着年龄的增长，颜色会逐渐变深，这是它们很好的保护色，不容易被狮子发现，免于受到这些捕食动物的伤害。

刚出生时，长颈鹿宝宝从头到脚有1.8米长，体重大约55千克。它的角趴在头顶上，角顶有一撮黑毛，再过几个月，骨头长出来代替掉软骨，它的角就会慢慢竖起来，立在头顶上了。出生第一年，长颈鹿能长高0.9米，一直到4岁为止。长颈鹿4岁成年，到那时，它就能够保护自己了。

刚出生的时候，小长颈鹿会跟妈妈待在一起。（长颈鹿爸爸不养育宝宝，也很少见到它的孩

长颈鹿生宝宝时，其他长颈鹿也会围过来；它们用鼻子拱或者舌头舔的方式，迎接这个新生命。

长颈鹿吃树叶的时候，会偶遇变色龙，在非洲大陆，变色龙经常潜伏在某些树上。

子。）在妈妈的庇护下，小长颈鹿会摇摇晃晃地、好奇地去探寻这个世界，它会去闻金合欢树的味道，闻那些带刺的灌木丛，舔变色龙，或去追鸵鸟。食虻鸟偶尔会落在小长颈鹿的头顶或脖子上，有时候，小长颈鹿会懒得搭理它们，任由它们去，有时候会使劲晃动脖子，把它们赶走。玩累了，它们就躺在茂密的草丛里小憩。小长颈鹿们常常一起玩耍，互相依偎着，成年长颈鹿就在旁边守护着它们。小长颈鹿不会总黏着妈妈，它们只有饿了才会去找妈妈吃奶。

长颈鹿小时候，狮子和鬣（liè）狗等食肉动物都对它们虎视眈眈。多半小长颈鹿还未年满一岁，便成为食肉动物的美餐。在野外，幸存下来的那一小半，通常可以存活 15 到 20 年，动物园里饲养的长颈鹿寿命会多几年。

在荒野之中，捕食动物很少向成年长颈鹿下手，而像斑马和羚羊等体形相对较小的动物，更容易成为捕猎目标。尽管长颈鹿个头很大，一只

就够十多只狮子吃上两三天，但想要吃到绝非易事。一般情况下，长颈鹿能远远地看到狮子靠近。狮子还没有开始行动，长颈鹿就逃之夭夭了。长颈鹿被猎杀，一般都是在水坑旁。躲在灌木丛、草丛后面的狮子，会趁着长颈鹿喝水时，猛扑上去。即便如此，长颈鹿一脚就能把狮子踢飞，甚至能将其一脚踹死，毕竟长颈鹿的腿很健壮，蹄子也非常锋利。

有时候，长颈鹿会舔树皮，这些树皮会流出一些汁液，黏糊糊、甜丝丝的。

长颈鹿的主要示威方式，就
是向对方甩脖子，这种气鼓
鼓的样子，其实很可爱。

长颈鹿的长脖子常常用来表达情绪。愤怒时，它会压低脖子，使其与地面平行，恐吓挑衅者；要表达顺从则鼻尖朝上，伸长脖子。在争夺统治地位的时候，雄性长颈鹿用肩膀去推搡对手，甩动着自己的脖子，猛撞向对方的脖子，然后进入"掰脖子"的态势，力图把对方推倒，以显示自己的力量，直到其中一方让步离开。

如果"掰脖子"式的摔跤难分胜负，长颈鹿就会开始打架：将脖子使劲砸向对方，用鹿角去戳对方的脖子。头部的撞击会破坏长颈鹿僵硬的身体姿势，它的背部、两侧、肩膀甚至整个身体都会受到很大的力量冲击。在南非克鲁格国家公园，有一位管理员说，他曾经见过一只身材魁梧的雄性长颈鹿，被对方打倒之后，足足晕了二十分钟才苏醒过来。

除了同族之间的争斗，长颈鹿还面临来自豹子、鬣狗、野狗，以及鳄鱼这些捕食动物的威胁。这些捕食动物可能会在长颈鹿喝水时突袭，或者

如果雄性长颈鹿被对手打败，它会离开领地，再找一群长颈鹿共同生活。

有时候，雄性长颈鹿群会与象群结合在一起，长颈鹿的视野很广阔，在稀树草原上，大象能从中受益。

在旱季，树叶很少，每隔三天
长颈鹿就得去水坑喝一次水。

捕杀年幼的小长颈鹿。有时候蛇也会要了长颈鹿的命。一位肯尼亚的狩猎管理员说，他见过一只长颈鹿的尸体，压倒在一条蟒（mǎng）蛇上面，蟒蛇也死了。很明显，蟒蛇缠绕长颈鹿的脖子，将它勒死，而长颈鹿倒地的时候，正好压在蟒蛇上面，硕大的身躯压死了蟒蛇。

长颈鹿还面临着其他的危险因素，包括寄生

虫、疾病，以及外伤。有 15 种壁虱附着在长颈鹿身上，靠吸血存活。长颈鹿的肠道内有很多寄生虫，如吸虫、绦（tāo）虫、鞭虫，这些虫子以长颈鹿肠道里的消化物为食；寄生虫还会引起疾病，可能导致长颈鹿死亡。牛瘟是一种病毒性的传染病，通过空气和近距离接触传播，在牛群中最为常见，也会传染给长颈鹿。牛瘟会导致长颈鹿失明，因而导致它们被凶猛的捕食动物猎杀。1960 年，肯尼亚有 40% 的长颈鹿死于牛瘟。

然而，地球上所有长颈鹿的天敌中，最大的威胁却是人类。在第一次世界大战期间（1914—1918），德国和英国的军队来到非洲，在非洲平原安装了许多电话线和电报线缆。长颈鹿在奔跑时很容易撞在这些线缆上面，并因此受伤，伤口感染致其死亡。20 世纪初期，猎人们捕猎野生动物，他们用枪猎杀长颈鹿作为战利品和收藏品，长颈鹿的数量也因此急剧减少。

猎杀长颈鹿的动物，比如狮子，都是在父辈吃饱后，才轮到孩子们吃。

西非国家纳米比亚存有一些古
老的以长颈鹿为主题的岩画。

世界范围内的长颈鹿

长颈鹿气质独特，具有异国风情，那优雅的身姿，平静的性情，一下子就迷倒了人类。在这一点上，其他动物望尘莫及。早在公元前2500年，就有人前往非洲，在撒哈拉沙漠南部地区捕获长颈鹿，一路沿着尼罗河，用竹筏将它们运往埃及。在那里，人们巡回展出长颈鹿，以供人观赏。法老和王后要与其他地区结盟时，往往会选送一只长颈鹿，以讨好对方领地的王者。

约公元前280年，在埃及亚历山大港，法老托勒密二世组织了一场盛大的游行，展示了由96头大象拉着的24辆战车；由14只羚羊拉着的7辆战车；12匹骆驼；2400个牵着猎狗的奴隶；还有24只大羚羊，24头狮子，16只猎豹，4只猞猁（shē lì）及小猞猁宝宝，以及一只长颈鹿。公元前46年，罗马独裁者尤利乌斯·恺撒带回一只长颈鹿，放在他的动物园，这是意大利的第一只长颈鹿，恺撒将它命名为"驼豹"。一听到驼豹的消

2005年，在坦桑尼亚的塔兰吉雷国家公园，有人发现一只白色的长颈鹿，并且用相机拍摄了下来。其实早在1993年，就有关于白色长颈鹿的传言。

大多数时间里，长颈鹿都表现得很平静。

三千多年前，古埃及有个年轻的法老王，叫图坦卡蒙，他在加冕礼上收到很多礼物，其中就有一条长颈鹿尾巴。

息，罗马人民就开始想象，它应该像豹子一样凶猛。但长颈鹿到达罗马后，整天只是站在那里看着人群，并无其他举动。罗马作家老普林尼这样描述长颈鹿："像一只羊一样安静。"这些人习惯于观赏雄狮跟角斗士的激烈争斗，面对性情平和的长颈鹿，他们一定感到很失望。

随着古罗马帝国和埃及的没落，长颈鹿在欧洲大陆也慢慢消失了，甚至在埃及也很难再见到——除非是在故事里和梦里。不过，埃及人认为梦到长颈鹿是不祥的征兆。

随着时间的流转和交通的愈加便利，长颈鹿重新出现在了很多以前没有出现的地方。1414 年，第一只长颈鹿和宝石、阿拉伯马以及香料一起来到中国。中国人觉得长颈鹿很像神话中的麒麟。1805 年，英国人花一千英镑买到了第一只长颈鹿，可惜三周以后它就死了。1826 年，法国巴黎动物园引进了一只长颈鹿，在女装时尚界引起轰动。很快，长颈鹿的斑点图案便在服装上面秀了出来。

在 15 世纪，第一只长颈鹿来到中国，画家、诗人沈度，给长颈鹿画了这一幅画。

麒麟
沈度

西南之郿，大海之滨，
实生麒麟，形高丈五，
麋身马蹄，肉角脁脁，
文采焜耀，红云紫雾，
趾不践物，游必择土，

舒舒徐徐，动循矩度，
聆其和鸣，音叶钟吕，
仁哉兹兽，旷古一遇，
昭其神灵，登于天府。

裙装、帽子、手套、外衣上都能见到那种浅黄底色和棕色斑纹；家居用品也是如此，窗帘、毛毯、餐巾上面都印有这种图案。

有些猎人在 19—20 世纪前往非洲捕猎野生动物，寻找长颈鹿——当然还有狮子、野水牛、豹子——作为猎物，猎人们几乎把这些动物赶尽杀绝了。在一些国家，比如苏丹、埃塞俄比亚、肯尼亚，非洲人民为了吃肉，获得兽皮和尾巴，已经猎杀长颈鹿很多年了。人们吃掉肉后，把骨头碾碎，用作肥料，筋腱（jiàn）用来做吉他琴弦、弓弦，还可以用作缝纫线。那时候流行用长颈鹿的皮做容器，如桶以及鼓皮和护罩，尾巴用来做苍蝇拍或者装饰品。非洲部落的居民认为长颈鹿尾巴可以辟邪，并且带来好运，于是他们把长颈鹿尾巴做成项链或手镯，佩戴在身上。非洲人民虽然猎杀长颈鹿，但是从来没有赶尽杀绝。而欧洲人来到非洲后，长颈鹿几乎灭绝。18 世纪末及 19 世纪初，欧洲人开始猎杀长颈鹿，他们的方法非常

高效。欧洲人用马追赶长颈鹿，直到长颈鹿筋疲力尽。用这种方法，一个猎人仅需 15 分钟就可以

那时候，有一部分富人能够拥有私人动物园，饲养一些非洲动物。

有时候，人们必须抓捕长颈鹿运输到某地。抓长颈鹿的时候，人骑在马上，跟随长颈鹿一起奔跑，然后扔出绳索，一下子就能套住长颈鹿的脖子。

猎杀一只长颈鹿。一些长颈鹿被做成标本，其他的被砍下脑袋，猎人把脑袋挂在屋子里。还有的猎人把长颈鹿的皮剥下来，然后扔掉尸体，这尸体成为草原上食肉动物的美餐。有一个居住在非洲的欧洲人曾眼见这一切，他写道："长颈鹿那么美妙友善，却几乎被人类杀光了！"20世纪初期，非洲东部的长颈鹿几乎被猎杀殆尽。

1930年，非洲国家开始发行执照，要求猎人必须取得执照，才有猎杀长颈鹿的特权。这些国家每年只批准几个执照，这样长颈鹿就有足够的时间去繁衍后代。1933年以及1954年，美国著名作家海明威曾去肯尼亚游猎，他仔细观察了长颈鹿，并猎杀其他野生动物。非洲大陆深深地吸引着他，长颈鹿的美丽使他折服，后来海明威写道："我现在只想着回到肯尼亚。"

1933年，非洲动物植物保护会议在英国伦敦召开，其目的之一，就是在非洲建立动物保护区，保护野生动物。在这些保护区里，动物们可以自在生活，不会遭到猎杀。现如今，非洲大陆已经有几百个保护区，游客可以观光游览，手中的相机取代了猎枪。旅游业的收入用于救助动物，支持受过良好教育、经验丰富的专业人员管理保护区，他们密切关注长颈鹿的健康、饮食以及繁殖情况。

在世界其他地方，长颈鹿生活在动物园里，那儿有动物园管理人员、兽医等专人照看，给它们喂食，并保证它们能够得到足够的锻炼。2005 年，美国梦工厂拍摄了动画片《马达加斯加》。在电影故事中，动物园里有一只长颈鹿，名叫梅尔曼，它总是以为自己有病，一旦有任何一点小小的症状，都要去看病吃药，这让兽医疲惫不堪。

2007 年 5 月 5 日，一只长颈鹿宝宝出生在美国罗得岛州的罗杰·威廉姆斯公园动物园内，整个分娩过程被拍摄下来，并上传到网络。全世界的人都能够看到长颈鹿宝宝出生后的第一个动作，以及迈出的第一步。

搬家对于长颈鹿来说，可不是一件愉快的事情，它们会被捆绑起来，动弹不得，眼睛也会被蒙起来。

不再沉默

科学家开始研究长颈鹿，他们的第一个课题就是探寻长颈鹿如何适应环境变化。在美国，学者们开展了一项关于长颈鹿沟通技巧的研究，此项研究吸引了很多人。另一项研究是关于长颈鹿长长的脖子对身体的作用，非常耗时却从未中断过。

几个世纪以来，人们认为长颈鹿是哑巴，不能像其他动物那样用咽喉和嘴巴发出声音；也有人认为长颈鹿的沟通方式是甩尾巴，摆出特定的姿势，抑或用蹄子猛跺地面。长颈鹿一度被誉为"草原上安静的守望者"。

人类很少有长颈鹿叫声的记载，有动物园管理员曾经说，有一只长颈鹿患有关节炎，在腿被抬起的时候，因为疼痛轻声"哞哞"叫过；另外一位管理员描述说，听到长颈鹿驱赶长颈鹿宝宝，不让宝宝吃奶的时候，曾发出过咆哮的声音。在非洲野生动物保护区，有位工作人员回忆说，他听到过长颈

在野外，一只成年长颈鹿每天大约要吃掉34千克树叶，而那些圈养的长颈鹿，它们的食物是谷类粮食和苜蓿。

长颈鹿舌头是蓝黑色的，能够保护舌头不被太阳晒伤。因为在吃东西的时候，长颈鹿的舌头会曝露在阳光下。

鹿睡觉的时候打呼噜，也有生物学家说，曾有一只雄性长颈鹿生气的时候，冲他喷鼻息。

最近，科学家们发现，长颈鹿彼此之间的交流可能比我们之前预想的要多得多。科学家使用了高敏感的麦克风，配合特制的电脑技术，用来测量长颈鹿发出的声波。他们发现长颈鹿在交流时，可能使用了一种低频率的声音，跟鲸鱼和大象一样。这种低频率的声音叫作次声波，次声波在空气中比高音波传播得更远，因此，相隔1.6千米的长颈鹿们依然能够互相交流。由于在野外收集并分析次声波非常困难，多数关于长颈鹿交流的研究都是在动物园进行的，这样，动物的声音以及外面的噪声，都能够在掌控之中。

1998年，一位叫伊丽莎白·冯·穆根塔勒的研究员，在研究长颈鹿的近亲霍家狓后，对长颈鹿的交流技巧产生了浓厚的兴趣，她在南卡罗来纳州和北卡罗来纳州的两个动物园里，研究了11只长颈鹿。她观察到，长颈鹿特别需要社交：它

在纽约布朗克斯动物园，人们观察到，长颈鹿在咀嚼树叶的时候，貌似在互相交流。

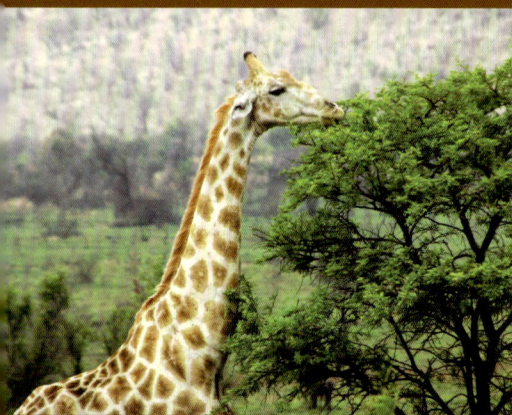

长颈鹿总是留意着周围的动静，仔细聆听哪怕是微弱的来自同伴的声音。

们容易招来捕食动物，而且对于它们来说，保护幼崽格外重要。因此，它们很有必要通过某种方式进行交流。人们之前认为长颈鹿不能发出声音，于是穆根塔勒仔细观察了长颈鹿的行为，寻找它们的交流方式。

与穆根塔勒一起工作的研究人员发现，长颈鹿做出两种行为时，他们能够检测到次声波：一个是长颈鹿向后伸长脖子，然后猛甩脑袋，以及低头抬头时。研究人员观察发现，可以通过观察长颈鹿的耳朵，来确定它们是否在使用次声波。当一只长颈鹿发出次声波时，其他长颈鹿会竖起耳朵，仿佛在聆听什么。

其他关于长颈鹿的研究也一直在进行中，因为自然学家的工作重点之一，就是动物研究。早在19世纪初，关于长颈鹿脖子的生物学功能，就已经有人进行猜想，并有文字记录。很多人推测说，长颈鹿脖子长，能帮助它们吃到食物，绝大多数人都接受这种说法，然而却有人提出新的论点。

1809 年，法国自然学家让-巴蒂斯特·拉马克出版了一部著作，解释了长颈鹿超长脖子的进化过程。他在著作中写道：长颈鹿是已知身材最高的哺乳动物，生活在非洲地区，那里的土地几乎总是干旱贫瘠，因此长颈鹿不得不找寻树上的叶子来吃，并且要费尽力气，因此，长颈鹿的前腿进化得比后腿长，并且脖子也变得如此之长。这样，长颈鹿不用抬起前腿踮起后腿，就能吃到六米高的树枝上的叶子。

五十年之后，著名的自然学家查尔斯·达尔文在《物种起源》中表达了类似的观点，他写道：长颈鹿高大的身材、拉长的脖子以及前腿、脑袋和舌头，构成了完美的生物体，使得它能吃到大树高处的树叶。达尔文还指出：长颈鹿的脖子很长，可以看得很远，使它在察觉并逃离捕食动物时，能够占尽先机。这个说法也广为人们所接受，很少有人提出异议。然而有生物学家对达尔文和拉马克的理论提出了质疑。

在长颈鹿的脑袋上，鼓着包还长着角，在人们看来，这是长颈鹿很厉害的武器。

在科学家看来，长颈鹿是能够辨认颜色的，它们能够分辨橘红色、黄绿色、紫色、绿色，还有蓝色。

1970年，人们在俄罗斯发现了一些骨头，经证实是长颈鹿史前的祖先 *Pliocene giraffid* 留下的。这证明了俄罗斯气候曾经也很温暖，能够生长足够的植被，以供长颈鹿生存所需。

美国生物学家克雷格·霍尔德里奇，是纽约根特自然协会的主管，对长颈鹿的长脖子是为了"吃到高处的食物"这个理论的可靠性提出了质疑。他指出，通过对长颈鹿的仔细研究，证明了这个理论逻辑上说不通，并且也不是基于事实。霍尔德里奇坚称：根据长颈鹿的生存环境，它的脖子相对于腿，其实还不够长，尤其是当长颈鹿低下头喝水时，脖子不够长的劣势就很明显，这时长颈鹿需要把前腿叉开，头往下低，这样身体就会失去平衡，使它容易遭到突袭。如果生物进化给了长颈鹿那么长的脖子，使它能吃到高处的树叶，为什么不让它再长一些，方便长颈鹿很容易就能喝到水呢？

关于长颈鹿的脖子，霍尔德里奇并没有做出任何解释，相反，他只是敦促研究人员和普通大众进一步研究、探索长颈鹿的生存环境，以及环境如何影响长颈鹿的身体功能。跟其他非洲动物一样，长颈鹿也面临着不确定的未来，除非人们能够意识到它们在大自然中的价值。尽管目前长

颈鹿总数量能够保持稳定，然而长颈鹿的亚种，乌干达长颈鹿或称罗斯希尔德长颈鹿，却濒临灭绝，全世界大约仅剩 445 只。

诸如穆根塔勒和霍尔德里奇关于长颈鹿的研究让人们对这个来自非洲大陆的安静动物有了更深的了解。既然长颈鹿不能自己表达，就只能依靠它的人类倾慕者来维护它们的生存了。

长颈鹿吃草时，需要叉开前腿才能把头低下来，其实长颈鹿的这个姿势，使它非常容易受到突袭。

动物寓言：为什么长颈鹿不能说话？

长颈鹿是非洲坦桑尼亚的国家象征。有一个故事，是关于为什么长颈鹿不说话的，家长常常用这个故事教育孩子们，多看多听比说话更重要。这个故事发生在世界的起源阶段，在造物主——也就是上帝创造了所有的动物之后。

上帝创造了所有的动物之后，给了每个动物一个愿望。

"仔细考虑吧，平原上的动物们，"他说道，"我给你们每位一份礼物，请明智选择，因为你们都只会获得一份礼物。"

狮子抖抖鬃毛，抖抖它那强壮的肌肉，可是却没有动物注意到它。狮子自言自语道："他们都不知道我有

多凶猛。我应该要一个厉害的吼声，这样它们就会敬畏我了。"狮子走上前向上帝要了吼声。

"好吧，"上帝说，"这是你要的吼声。"

狮子张嘴大吼了一声，顿时地动山摇，几里以外的动物都为之一颤。猎豹听到吓坏了，它说道："我必须要跑得很快，这样才能跑得过可怕的狮子。"

"好吧，"上帝说，"给你瘦长的身体和强壮的腿，这样你就能跑得快了。"

猎豹伸伸胳膊腿，算是热身运动，然后以百米冲刺的速度跑开了。

鬣狗听到了狮吼声，又见识了猎豹的奔跑速度，他琢磨着，在狮子和猎豹的竞争下，自己如何才能捕捉到猎物。它说："我要有一个团队，共同协商，齐心协力，

捕获猎物。"

"好吧，"上帝说，"这是你的团队，你们能够发出声音，互相交流。"

猴子听到了狮吼声，见识了猎豹的奔跑速度，又看到了鬣狗的庞大团队。它说："我必须要有超长的胳膊和抓握力强的手脚，这样我就可以爬树，避开这些捕猎动物了。"

"好吧，"上帝说，"这是你的长胳膊，给你灵巧的手，有了这宽大的手掌脚掌和长长的手指脚趾，你就可以轻易抓握树枝了。"

猴子立即跑向身旁的大树，迅速攀爬到树顶，兴奋得直叫唤。

大象听到了狮吼声，见识了猎豹的奔跑速度，又看到了鬣狗的庞大团队，目睹了猴子超强的抓握攀爬能力。它说："我必须能够活得很久，有很好的记忆力，这样我的族群才能延续下去。"

"好吧，"上帝说，"你会活得很久，并且能记住所有的事情。"

然后，上帝转头看着长颈鹿，问道："你想要什么？"

长颈鹿思考良久，说道："主啊，我希望拥有智慧。"

"说得好，"上帝说，"愚人多话，智者寡言。"

长颈鹿看着上帝，什么也没有说。上帝摸摸长颈鹿的脑袋，说道："长颈鹿，你永远都不会说话，因此所有的人都能明白你拥有智慧。"

这就是为什么直到今天，长颈鹿见多识广却从不开口说话的原因。

小词典

【软骨】

人和脊椎动物体内的一种结缔组织。在胚胎时期，人的大部分骨骼是由软骨组成的。成年人或动物的身体上只有少数部位还存在着软骨。

【脊椎动物】

有脊椎骨的动物，是脊索动物的一个亚门。这一类动物体形一般左右对称，全身分为头、躯干、尾三个部分，有比较完善的感觉器官、运动器官和神经系统。包括鱼类、两栖动物、爬行动物、鸟类、哺乳动物等。

【加冕礼】

国王或者王后登基典礼。

【进化】

事物由简单到复杂，由低级到高级逐渐发展变化。

【栖息地】

某种动物的自然生活环境。

【寄生虫】

寄生在别的动物或植物体内或体表，从中取得养分，维持生活的动物。

【保护色】

某些动物身上的颜色跟周围环境的颜色类似，这种颜色叫作保护色。有保护色的动物不容易让别的动物发觉。

【捕食动物】

以捕食其他动物为生的动物。

【反刍】

偶蹄类动物如牛、羊、鹿、长颈鹿等，把粗粗咀嚼后咽下去的食物再反回到嘴里细细咀嚼，然后再咽下。反刍动物的胃都有四个部分，能反刍食物。

【稀树草原】

只长着粗草和零零散散的一些树木的草原，比如非洲东部的草原。

【哺乳】

哺乳动物的妈妈给宝宝喂奶。

【植被】

一块土地上的所有植物。

部分参考文献

Dagg, A. I., and J. B. Foster. The Giraffe: Its Biology, Behavior, and Ecology. New York: Van Nostrand Reinhold, 1976.

Holdrege, Craig. "The Giraffe's Short Neck." The Nature Institute. http://natureinstitute.org/pub/ic/ic10/giraffe.htm.

Milton, Nancy. The Giraffe That Walked to Paris. New York: Random House, 1994.

Nature. "Tall Blondes: Silent Sentinels?" Public Broadcasting System. http://www.pbs.org/wnet/nature/tallblondes/infrasound.html.

Schlein, Miriam. The Silent Giant. New York: Four Winds Press, 1976.

Sherr, Lynn. Tall Blondes: A Book about Giraffes. Kansas City, Mo.: Andrews McMeel Publishing, 1997.

注意：

我们力保以上罗列的网站在本书出版之际仍保持运营。但由于互联网的特性，我们不能确保这些网站能无限期活跃，也不能保证里面的内容不会改变。

＊本书动物科学知识由浙江大学动物科学学院徐子叶女士审订。

长颈鹿一出生，头上就顶着一对犄角。成年之前，它的犄角都是毛茸茸的。

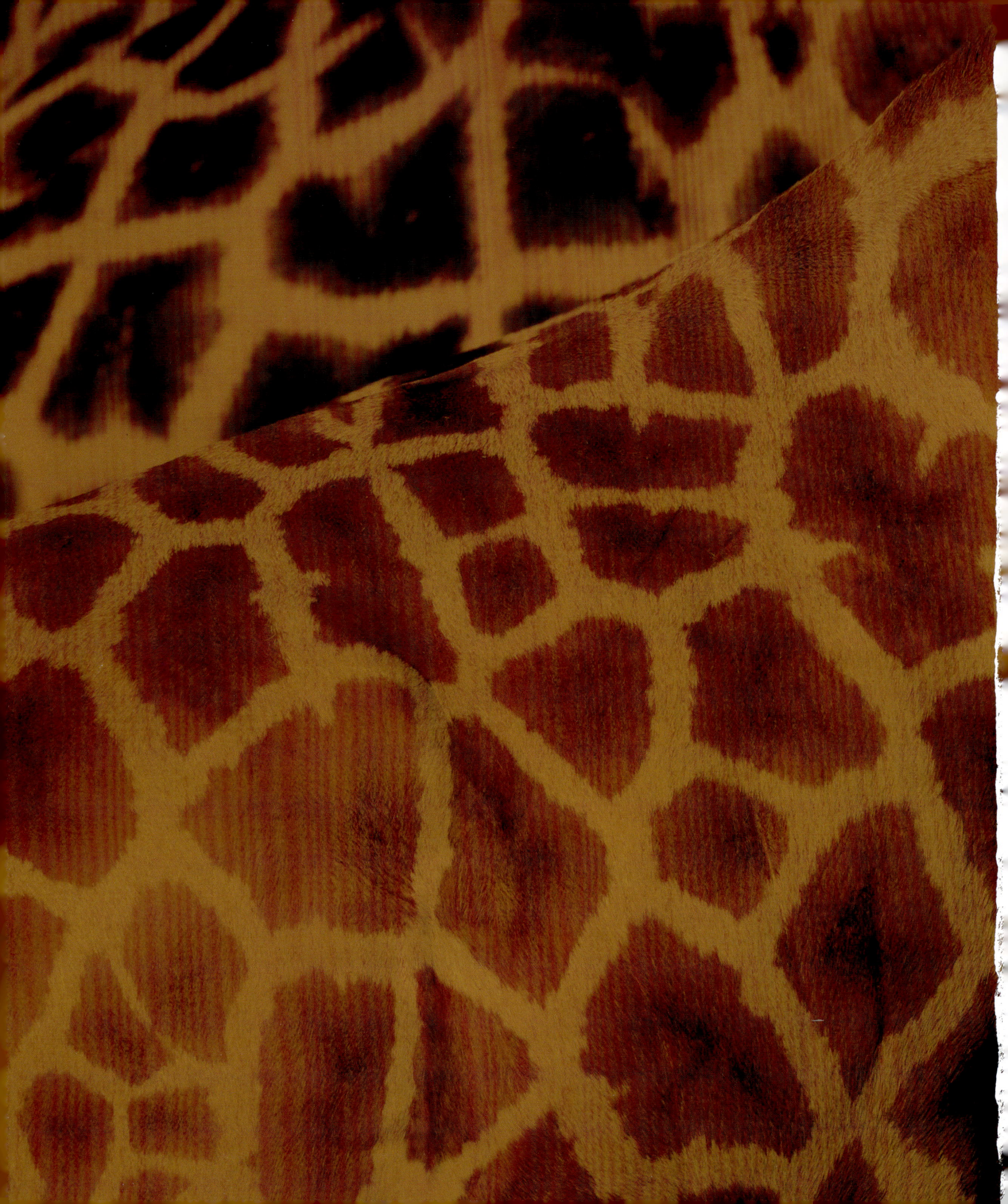